擀叔食谱：旧时味道的家常菜

擀叔 ◎著

黑龙江科学技术出版社
HEILONGJIANG SCIENCE AND TECHNOLOGY PRESS

图书在版编目（CIP）数据

擀叔食谱 : 旧时味道的家常菜 / 擀叔著. -- 哈尔滨 : 黑龙江科学技术出版社, 2018.3
ISBN 978-7-5388-9515-5

Ⅰ. ①擀… Ⅱ. ①擀… Ⅲ. ①家常菜肴－菜谱 Ⅳ. ①TS972.127

中国版本图书馆CIP数据核字(2018)第014331号

擀叔食谱：旧时味道的家常菜

GANSHU SHIPU: JIUSHI WEIDAO DE JIACHANGCAI

作　　者　擀　叔
责任编辑　徐　洋
摄影摄像　深圳市金版文化发展股份有限公司
策划编辑　深圳市金版文化发展股份有限公司
封面设计　深圳市金版文化发展股份有限公司
出　　版　黑龙江科学技术出版社
　　　　　地址：哈尔滨市南岗区公安街70-2号　邮编：150007
　　　　　电话：（0451）53642106　传真：（0451）53642143
　　　　　网址：www.lkcbs.cn　www.lkpub.cn
发　　行　全国新华书店
印　　刷　深圳市雅佳图印刷有限公司
开　　本　889 mm×1194 mm　1/32
印　　张　6
字　　数　120千字
版　　次　2018年3月第1版
印　　次　2018年3月第1次印刷
书　　号　ISBN 978-7-5388-9515-5
定　　价　39.80元

有时，吃一种食物无关温饱

“突然特别想念，小时候夏天的某个晌午，我坐在家门口的大槐树下面，知了在叫着，而我正端着一碗蒜末炖茄子配着大米饭吃得欢乐，嚼得累了，我就看看脚下忙着运粮的小蚂蚁。”

生活本该有生活的模样，食物也同样应该有它最纯粹的味道。这是经常出现在我脑海里的一个场景，那个时候我才刚刚记事。

随着时间的推移，岁月已经变得无色无味。可幸运的是，我还比较恋旧，在我而立之年的时候，我特有的念乡之情硬生生地把我从现实中拉了回来，从直觉到味觉。

还好，我的味觉有时候要大于自己的脑体记忆，我顺着味觉的指引，开始去寻找生活原本的模样，直到后来我才发现，原来它一直安静地待在原地从未离开，而先选择逃离的是我们自己，是我们那颗急燥渴望的心。

后来，我决定用食物来延续回忆里的所有情感。

擀杖，中国人厨房里少不了的小工具，是食者与食客之间最温暖的媒介，就像妈妈做给我们的那碗饭一样，简单的不过柴米油盐，却足以暖人心肠。

生活在别处，家味念心头的感觉时常会有。

所谓乡愁不过是二两家常而已，一种简单的食物再好不过。

——擀叔

吃饱的人生，
从来不迷茫

CONTENTS 目录

PART 01 喂饱生命的中式点心

CONTENTS 目录

PART 02 美好的早晨应该有一碗好面

PART 03 生活就像米饭，不止一种可能

CONTENTS 目录

PART 04 爱有温度，菜喜凉拌

PART 05 民间有味，回归本真

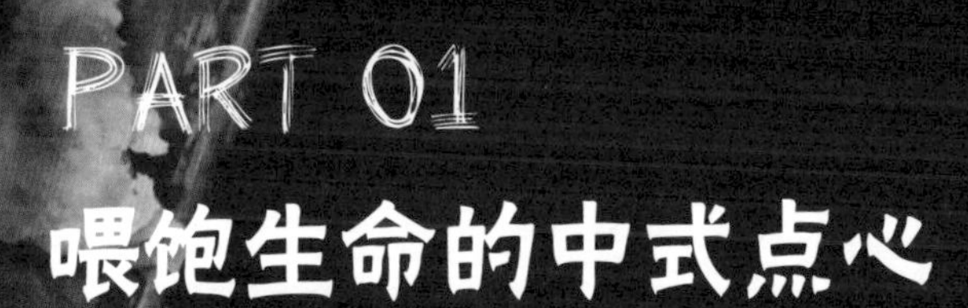

PART 01 喂饱生命的中式点心

小时候最幸福的事就是吃姥姥做的各种点心了，
姥姥自小就学得一手好厨艺，
所以她总是能够赋予食物别样的美味。

鸡蛋灌饼

对于赶早的上班族来说，鸡蛋灌饼是从家到公司的匆匆路途中一个美妙的停顿。

每个鸡蛋灌饼摊老板都手法娴熟：和面、揉面，把一个个小小的面团压扁擀圆，油手一挥，面饼摊在铁盘上，油热嗞嗞地响。受热后的面团中间均匀地鼓起来，用筷子戳开一个小口，把撒了葱花的鸡蛋液倒进去，不多一会儿，一个个鸡蛋灌饼就煎成了金黄色，散发着面粉和鸡蛋混合的香味。最后，再刷上一层老板秘制的酱料，放一片生菜再撒点儿榨菜，奢侈点便再多加一根香肠，卷起来就好了，算是一份“中式三明治”，不仅料足，每份营养也都不缺少。

若是赶上哪天没吃早餐，临近中午时分便会想起那满嘴的油香，酥脆的面饼外皮混着里面嫩嫩的鸡蛋，口感外焦里嫩加上配料的丰富味道，可真是美妙至极，着实让人嘴馋。

自己做起鸡蛋灌饼来也并不复杂，面饼的大小、油量的多少很好控制，酱料可根据口味调制，生菜自然也干净放心。自己动手制作的关键还在于完成时那瞬间爆棚的成就感，就好像给自己平添了一项多大的谋生技能似的。听过多少个版本靠卖鸡蛋灌饼发家致富的故事，瞬间也能换成自己在脑海里轮番上演。

准备材料

低筋面粉	150 克	葱	1 棵	辣椒酱	适量
生菜	1 颗	榨菜	适量	食用油	少许
鸡蛋	2 个	黄豆酱	适量	盐	少许

制作步骤

1 首先制作油酥，在碗中放少许面粉，加入盐和食用油混合搅拌均匀。
2 用温水和面，揉成光滑的面团，静饧 10 分钟。
3 将葱洗净切成葱花，放入碗中，再打入鸡蛋拌匀。
4 面团切剂子，擀成长条，并在上面抹匀油酥。
5 将面团横向对折，从头卷起。
6 卷好后，竖立，用手掌压扁，再擀成薄饼。
7 热锅放少油，中火摊饼，起层后用筷子戳破倒入鸡蛋，煎至双面焦黄。
8 出锅后抹辣椒酱、黄豆酱、榨菜、生菜卷起开吃。

大厨小招

用温水代替凉水和面可以使面团变得更加柔软。

Chapter 02

烙馍卷菜

准备材料

低筋面粉	150 克
鸡蛋	2 个
绿豆芽	200 克
小米辣	3 个
葱	1 棵
蒜	适量
花椒	少许
食用油	适量
姜末	少许

制作步骤

1 拌水和面，呈面团状后，盖湿布饧20分钟备用。

2 将所有材料洗净，葱切丝、辣椒切圈、蒜切末；分离蛋清蛋黄备用。

3 起油锅，花椒炸香捞出，放入姜末、葱丝、蒜末、辣椒圈，加入豆芽一起翻炒至熟。

4 起油锅，蛋清、蛋黄分别用筷子翻炒成絮备用。

5 面醒好后切剂子，擀成薄饼。

6 起火干锅（锅底不加油）下饼，焙至两面焦黄即可。

7 将备好的菜、葱丝、鸡蛋絮依次卷入饼中，即可开吃。

大厨小招

盖湿布醒面可以保持面团水分，避免表面起面皴裂，使面团在一个湿度合适的环境里发酵。

Chapter 03

香酥土豆饼

准备材料

土豆	3个
面包	200克
鸡蛋	1个
胡椒粉	适量
葱	适量
食用油	适量
盐	适量

制作步骤

1. 土豆洗净，煮熟去皮捣成泥；葱切成葱花。
2. 鸡蛋去壳，打散。
3. 吐司面包片放干后搓成面包糠（买现成的面包糠也可）。
4. 在土豆泥里面加入盐、胡椒粉。
5. 同时加入鸡蛋，搅拌均匀。
6. 土豆泥搓成均匀的小饼，裹满面包糠。
7. 土豆饼过热油炸至金黄后捞起，撒少许葱花即可开吃。

大厨小招

将土豆饼裹上面包糠可以避免油炸过度，使炸过的土豆饼更加香酥脆软、可口鲜美。

洋葱圈土豆饼

准备材料

洋葱	1个	红色甜椒	1个	淀粉	适量
土豆	3个	火腿	1根	盐	适量
鸡蛋	1个	胡椒粉	适量	食用油	适量

制作步骤

1 土豆洗净，放入水中煮熟后剥皮，捣成泥。

2 所有食材洗净，甜椒切丁、火腿切丁、洋葱切成圈。

3 把去壳的鸡蛋、甜椒丁和火腿丁放到土豆泥里，再放入胡椒粉和盐充分拌匀。

4 将洋葱圈的内圈涂满淀粉。

5 冷锅冷油，炸洋葱圈。

6 用小勺舀上和好的土豆泥填进洋葱圈，中火焙至两面焦黄即可。

1

3

5

大厨小招

将洋葱圈的内圈涂满淀粉，再放入冷锅冷油里，可以使洋葱粘连锅底，方便下一步填充土豆泥。

香酥炒馍花

饿的时候总能记住一些让人发馋的东西，时间变了，自己也渐渐长大，没有变的只有舌尖上的点点滋味。

我记忆当中第一次吃炒馍花是姥姥给我做的，那时候我还很小。我待的城市很小，家里的所有吃喝穿基本上都是自己做，自己造。做一次馒头基本上可以供两天的吃喝。

小的时候喜欢到处乱跑，饿得也快，在零食少的年代，大人们总是能变着花样做些看着简单但又不怎么常见的东西给自己吃。傍晚回到家里，第一个喊饿的就是我，可家里所剩的除了馒头几乎没有别的，姥姥说要给我炒个馍花吃，听上去就很有趣的名字，直觉告诉我味道应该也不错。

姥姥切点葱花，打个鸡蛋，把馒头切成随意的样子，放少许的油，在油还没有达到炙热点的时候，放上葱花爆香，随后加入鸡蛋并随即搅碎，这个时候趁机把切好的馍花一起倒入锅中翻炒几下，快出锅的时候，撒一把盐就能吃了。有时候姥姥还会趁机给我搭配一碗酸汤就着吃，那感觉比在外疯一整天都开心。

现在，我一直沿用姥姥的基本做法在饿的时候照顾自己，继续延续舌尖的点点滋味。

准备材料

馒头	2个	食用油	少许	花椒	少许
鸡蛋	2个	生姜	3片	盐	少许
小葱	3棵				

制作步骤

1 馒头切成大块备用；葱洗净，葱白切段、葱绿切末；姜切丝；鸡蛋打散成蛋液。
2 热锅放油，将鸡蛋放入锅中炒熟，盛出备用。
3 用锅内余油将葱段、姜、花椒炒出香味。
4 加入馍块和少量食盐，大火快速翻炒。
5 翻炒至馍块焦黄时撒入葱花。
6 再加入炒好的鸡蛋。
7 继续快速翻炒几下，即可出锅。

大厨小招

选用新鲜软馒头，可以使炒出来的馒头更酥软，更易入味，口感更佳。

茄子饼

准备材料

茄子	150 克	生抽	适量
面粉	3 汤勺	香油	适量
鸡蛋	1个	醋	适量
油	适量	蒜	适量
盐	适量		

制作步骤

1 茄子洗净，横切成 0.3 厘米的圆片。
2 切好的茄子放入水中浸泡，再放少许盐腌一下。
3 将鸡蛋打散。
4 蛋液中加水，放适量面粉和盐搅拌。
5 搅拌均匀，至没有面粉颗粒，呈糊状。
6 把茄子片放入鸡蛋糊中裹满面糊。
7 炒锅热油，油要多些，油五分热的时候放入茄子片。
8 小火煎炸，要及时翻动。
9 炸至茄子片两面金黄即可捞出。
10 蒜压蒜蓉，加生抽、醋、盐、香油等做成调味料汁。
11 茄子饼蘸着调味料吃。

大厨小招
茄子切开后应立刻放入盐水中浸泡，以防止氧化变色。

水晶虾饺

准备材料

澄粉	150克	肥肉	适量
玉米淀粉	50克	黑胡椒	适量
油	适量	糖	适量
盐	适量	葱丝	适量
虾仁	适量		

制作步骤

1 澄粉、玉米淀粉和1克盐混合。
2 加入130毫升80℃左右的热水，边搅拌边加水，直到雪花状。
3 再加入一大勺油和适量盐揉和，用保鲜膜覆盖5分钟。
4 趁面热乎时开始擀皮。
5 虾仁除去虾线，切碎。
6 少加一些肥肉、糖、盐、黑胡椒、油和葱丝，顺一个方向搅拌馅料。
7 将馅料包入面皮中。
8 下锅蒸5分钟即可。

大厨小招

面皮趁热擀，面切勿被风吹，最好用保鲜膜覆盖着，用多少面拿多少出来。

Chapter 08

紫薯香蕉卷

准备材料

小紫薯	4个	吐司片	3片	糖	适量
香蕉	3根	牛奶	1瓶		

制作步骤

1 紫薯洗干净上笼蒸熟。
2 吐司切掉较硬的吐司边。
3 将吐司芯儿擀平。
4 蒸熟的紫薯剥皮，添加牛奶、糖拌成泥状。
5 将紫薯泥像抹果酱一样均匀地抹在吐司上，再放上一根剥好的香蕉。
6 卷紧实后，切成小块装盘即可。

大厨小招

挑细小一些的紫薯来蒸，熟得快，作为早餐更省时哦。

蔬菜煎饼

城市的生活像一个摩天轮，看上去特别大又很好玩，可当自己置身于其中的话，就发现一旦自己跟着转起来，就根本停不下来。

生活让人忙得不可开交，所以有时候需要用食物来调剂下这基本停不下来的生活。

蔬菜煎饼在我眼里就像是一个特别会救急的老朋友，尤其是在每天清晨，他用蔬菜和面粉唤醒我们饱满的一天，给予我们很多清新又营养的东西。

日常的频繁交际让我们安心在家吃饭的机会很少，更不要说吃那些满是营养又清新的食物。所以当你晚上下班的时候，只需要在回家路上路过超市，买一些自己喜欢的时令蔬菜，第二天清晨早起20分钟，将买好的蔬菜切丝或者切末，和面粉混在一起，放少许的盐和油即可下锅煎饼。

喜欢蔬菜煎饼还有一个特别的理由就是他的高颜值，白白的面粉和颜色鲜艳的各式蔬菜会让我忍不住多吃几个，作为早餐或者晚餐，吃的时候一定要再加上一碟儿小咸菜。

准备材料

面粉	100 克	胡萝卜	1 根	黑芝麻	少许
小葱	4 棵	鸡蛋	2 个	食用油	适量
西葫芦	1 个	虾皮	适量	盐	3 克

制作步骤

1 面粉里放入盐，打入鸡蛋，制成面糊。
2 小葱切成葱花，西葫芦、胡萝卜剐丝备用。
3 将小葱花、西葫芦丝、胡萝卜丝加入面糊中。
4 加入黑芝麻和虾皮。
5 加适量水，搅拌均匀。
6 平底锅注油加热，倒入适量面糊，旋转平底锅，至面糊均匀铺满锅底。
7 饼的两面煎至金黄色，盛出装盘。

大厨小招

选锅时一定要选用不粘锅，否则蔬菜饼粘锅就会很难看。蔬菜可以根据自己的口味随意添加。

山药糕

准备材料

山药　1根
糯米粉　适量
白糖　适量
奶粉　5克
黄油　5克

制作步骤

1 山药洗净去皮，切段。
2 将山药放入破壁机中打成汁。
3 将山药汁和糯米粉混合后搅拌匀，加入奶粉、黄油、白糖拌匀制成糊。
4 将山药糯米糊放入蒸锅中蒸熟。
5 将煮熟后的山药泥和成团。
6 将山药泥分成11克左右的小剂子，放入模具中压成形。
7 锅中放油，将冷却后的山药糕放入锅中煎至焦黄即可。

大厨小招
糯米粉能调解山药泥的厚薄程度（太稀薄则不易成形）且糯米粉比面粉口感更细腻。

PART 02

美好的早晨应该有一碗好面

在我的老家，早晨往往是用一碗面来点缀的。
记忆中妈妈将准备好的蔬菜快速翻炒，烹出香味，
加水烧开，然后放入面条，
再稍稍点缀，一碗沉淀着妈妈味道的面条就做好了。

酸辣面

这一碗酸甜苦辣咸综合而成的小面，像极了我们的青春，矫情地说更像是爱情，酸辣的感觉让人忍受着刺激又满身心的欢喜。

夜，一个永远都充满神秘色彩又极具诱惑力的代名词。我喜欢夜晚，不是因为厌烦白日的嘈杂，而是因为夜晚的脑洞要更大，关键的关键在于脑洞过后味蕾的尺度也会相应地增大。

是嗜好，还是爱好，已经分得不是那么清楚了，总之晚上我都喜欢吃些重口味来满足自己，用麻和辣来给一天的生活画个完美的句号。

不同地方的酸辣面滋味略有不同，但始终离不开酸味和辣味。此外，还有一些相对重要的附属味道，比如蒜末的香味和蚝油的鲜味，还有可以充当最佳口感的油炸花生米也是很重要的组成部分。

我不喜欢把面煮得太软，因为那样会跟酸辣面这么硬气的名字不搭调。所以无论是面还是料都得够劲，而且整个一碗面量还不能太大，解馋才是他最重要的使命。吃酸辣面时，若是能再配来上一碗原汤，那么，当晚做梦时恐怕都会美得笑出声来。

准备材料

生菜	半颗	大蒜	3 瓣	油辣子	适量
小葱	1把	生抽	1勺	盐	3克
香菜	1把	老抽	1勺	食用油	少许
面条	适量	蚝油	1勺	白糖	适量
小米椒	少许	陈醋	适量		
花生米	适量	麻油	适量		

制作步骤

1 小葱、小米椒、蒜、香菜洗净切末备用。

2 依次在碗底放入生抽、老抽、蚝油、陈醋、麻油、油辣子、盐、白糖、葱、香菜、蒜、小米椒末各适量。

3 锅底放少许油，文火炒花生米，炒至金黄，捞出凉凉，擀碎备用。

4 煮水下面，待面汤浑浊时，将面汤盛入装有调料的碗中，过半为宜。

5 面煮八成熟时，盛面入碗；锅内烫生菜。

6 面碗中撒入小葱末、小米椒、辣子油、花生碎。

7 将面拌好之后，就可以开吃了。

大厨小招

酸辣面的作料要充分，这样面才更入味，吃起来味才足。

Chapter 02

油渣面

准备材料

肥五花肉	500 克	挂面	500 克	盐	3 克
鸡蛋	2 个	蒜苗	4 棵	油	适量
青菜	3 小棵	生抽	3 勺		

制作步骤

1. 所有材料洗净，肥五花肉切片，蒜苗切末备用。
2. 锅底放少许油，放入肥肉炼出油渣。
3. 文火煎肥肉成油渣后捞出。
4. 用锅底油爆香蒜苗，加入油渣和盐，用大火翻炒 2 分钟。
5. 加入一碗开水，煮沸后下面，面煮至八成熟，加入青菜、生抽，即刻捞出。
6. 油起锅，用小火煎蛋。
7. 盛面，码入鸡蛋、青菜、蒜苗末，开吃。

大厨小招

肥肉炼油渣前可以在锅内滴几滴香油，可使炼出来的油渣更醇香有味。

Chapter 03

青椒肉丝面

准备材料

青椒	3 个
肉丝	200 克
湿面条	500 克
大蒜	3 瓣
大葱	2 棵
姜	1 片
生抽	3 勺
料酒	2 勺
淀粉	50 克
油	适量
盐	适量
白糖	少许
陈醋	少许
辣椒酱	少许

制作步骤

1　所有材料洗净；青椒、葱、姜、蒜切丝备用。
2　将姜丝、料酒、生抽、少许白糖和淀粉加入肉丝中拌匀，腌渍 15 分钟以上。
3　将腌渍好的肉丝入油锅，煸炒至金黄，盛出备用。
4　再放入葱、姜、蒜爆香，加入青椒煸炒两下，倒入炒好的肉丝。
5　锅中加热水（或高汤）和盐，水开后下面，煮 2 ~ 3 分钟。
6　熟面盛出添汤。
7　加入陈醋和辣椒酱，味道更佳。

大厨小招

用高汤煮面，能使面条吸入高汤的营养，更有利健康，口感也更为美味。

蛋汤鱼丸泡面

说实在的，有时候还真的挺想为泡面打不平的，许多人嫌弃他没营养，但是他那亲民的价格和独特的味道却总让人舍弃不了。

人们对泡面的第一印象就是营养价值不够，所以，我决定给他多加一些营养，来弥补这项不足。在家里吃，乐意动手，别嫌麻烦，是将一碗方便面做出好味道的唯一法门。

美味的诀窍全部都在汤里，所以要把鸡蛋打到煮面的汤里，用筷子快速地打散再和面饼、鱼丸一起煮，小火慢炖几分钟即可开锅。我喜欢最后放入料包，这样味道会更鲜美一些。青菜最后码上，盖上锅盖焖一下即可盛出开吃。

不起眼的泡面，只要你稍微费点心，就能给你更多种幸福的口感，和蛋花鱼丸混合在一起的感觉黏稠又顺滑，吃三口面再就一口汤才是正确的吃法。所以别小看任何不起眼的食物，用心去对待，用心去搭配，食材会给你最好的答案。

准备材料

泡面	1袋	午餐肉	适量
菠菜	4棵	鸡蛋	2个
鱼丸	6颗	香葱	1根

制作步骤

1 准备溏心蛋。取一个鸡蛋，在鸡蛋大的一端用小刀钻孔，以防煮蛋时崩裂。水沸腾后放入鸡蛋，中火5~7分钟即可捞出。

2 将所有食材洗净；午餐肉切片，葱切末。

3 烧一锅热水，水开后放入泡面料包，1分钟后放入面饼。

4 面饼散开后，打入一个鸡蛋，用筷子在锅中迅速打散鸡蛋，制成浓汤。

5 放入先前准备的菠菜和鱼丸，煮熟。

6 将煮好的溏心蛋切开。

7 把溏心蛋、午餐肉片、香葱末放入碗中，开吃。

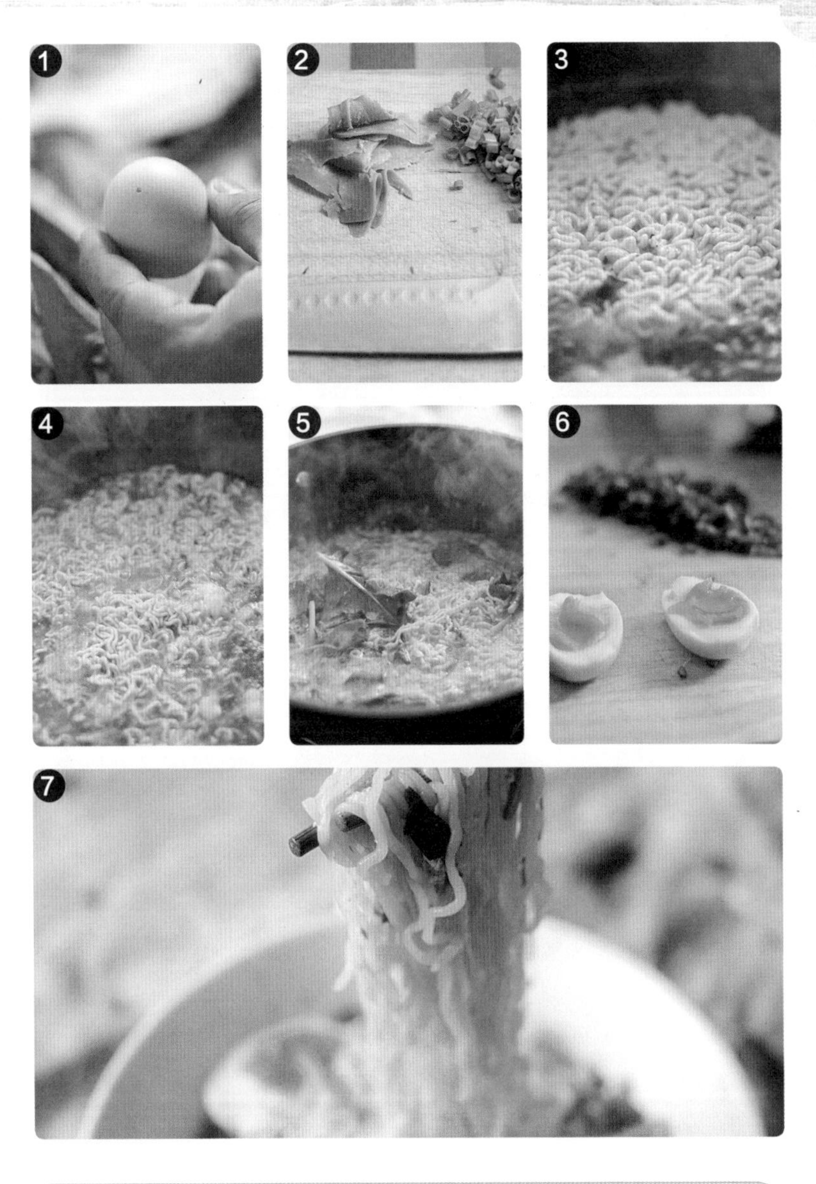

大厨小招

这道菜的关键是浓汤和溏心蛋，溏心蛋的制作过程虽有些麻烦，但味道却极其鲜美。

Chapter 05

葱油拌面

准备材料

面条	500 克	生抽	1勺	味精	少许
小葱	1把	老抽	1勺	油	适量
大蒜	5 瓣	糖	2 勺	盐	适量
高汤	少许				

制作步骤

1 小葱去葱白切段，大蒜去皮拍松。
2 温油起锅，入葱段、大蒜。
3 小火煸至大蒜焦黄，制成葱油。
4 将老抽、生抽与少许糖、味精、盐混合，调成调味汁。
5 将高汤加入调味汁中，拌匀。
6 滚水下面，2 分钟后出锅，过凉水。
7 将面盛入放有调味汁的碗内，加入葱油，拌匀即可食用。

大厨小招

面出锅后过凉水可以使面吃起来更筋道。
可根据个人口味加入辣酱调味。

腊肠炒面

准备材料

腊肠	3根	细面条	500克	色拉油	适量
鸡蛋	2个	盐	3克	香葱	适量
青菜	4棵	酱油	适量	辣椒酱	适量

制作步骤

1 细面条开水下锅煮10~15秒，立即捞出迅速过冰水，沥干后加入适量色拉油，拌匀。

2 所有材料洗净；青菜切段，腊肠切片，鸡蛋打散，香葱切末。

3 热锅放油，放入蛋液，炒好盛出备用。

4 用余油炒腊肠，腊肠变色后立即加入青菜和鸡蛋。

5 加入面，再根据个人口味，放入盐和酱油，翻炒均匀后迅速出锅。

6 撒葱末，配上辣椒酱，开吃。

1

4

5

大厨小招

煮好的面条迅速过冰水再加适量色拉油使面条更为爽口，表面更为圆滑，翻炒时不容易粘到一起。

骨汤面

好的汤中饱含煲汤人浓浓的情义，这话一点不假。因为往往需要花费大把的时间，才能使食材的原味溢出，煲出一锅美味的汤。

小时候爱贪玩，所以喜拌面不喜汤面，因汤面还得等汤冷，得慢慢吃。而拌面不同，囫囵吞下，连道几声“好吃！好吃”，便火急火燎地去找小伙伴儿们做游戏了。

父亲从小就教我，吃面先喝汤。一来试试是否烫嘴，二来可以先用汤撬开自己的味蕾。等到我为人父时，才钟爱汤面，对面食的情节就更加关注在汤料上。

熬制骨汤是一个漫长的过程，做法其实很简单，带骨的鸡肉和大骨头一起下锅炖，加上适当的葱姜辅料即可，剩下的皆是些花费时间的事情。

父亲说，做饭熬汤最显功夫，熬的是耐心，所以能做好饭的人一定是个耐得住寂寞又不能心急的人。年纪小一定做不过年纪大的，这中间比的是耐心和对待食物的忠实程度。

面要趁热吃，汤需细细品；人生且快且漫长，细细品味现真知。

准备材料

手工面	适量	青菜	2 棵	姜	2 片
猪大骨	1 根	小葱	3 根	香油	2 勺
鸡腿	1 个	花椒	少许	青红椒	适量
鸡蛋	1 个	胡椒	少许	盐	适量

制作步骤

1 所有材料洗净；将猪大骨、鸡腿、姜片、花椒、胡椒粒放入砂锅，加入适量水。
2 慢火炖 2 小时，滤出花椒、姜片、胡椒粒，高汤即成。
3 烧一锅热水，将鸡蛋放入煮熟，煮熟后切成两半；香葱、青红椒洗净切圈。
4 碗底放入盐、香油。
5 烧一锅水，水开后煮面，面煮熟后捞入碗中，加入煮好的骨汤。
6 大骨剔肉；开水焯熟青菜备用。
7 将剔骨肉、青菜、鸡蛋、香葱圈、青红椒圈依次摆入面碗中，开吃。

大厨小招

骨头汤营养丰富，能抗衰老，减缓骨骼老化。

配菜可以根据自己的口味随意替换。

油泼面

准备材料

手工扯面面坯	2坯	姜	2片	酱油	几滴
青菜	2棵	蒜	2瓣	香醋	1小勺
花生碎	80克	辣椒粉	少许	盐	适量
大葱	1棵	花椒粉	少许		

制作步骤

1. 沸水下面，煮3分钟后捞出。
2. 所有材料洗净；姜蒜切末；大葱去芯去叶后切成葱花，铺入碗底。
3. 将煮好的面条捞出装碗，再用锅内热水烫熟青菜。
4. 把青菜、盐、花生碎、花椒粉、辣椒粉码入面碗中。
5. 起油锅，油温烧至七八成热（筷子插入油中有气泡冒出）。
6. 将烧好的油浇到面上，然后迅速在热油上加入香醋。
7. 最后加入几滴酱油，丰富口感。

大厨小招

油一定要烧热，淋热油的时候要均匀，尽量把所有材料都淋到，这样味道才够香。

韭菜肉酱面

食物天生就是不完美的，一个对生活用心的人总会搭配出让人为之称赞的美味。

身边有一个朋友，他不喜欢吃韭菜，因它样貌平平，更因吃完后留有那股浓重的口味。他也不喜欢吃肉酱，觉得肉不够多，吃得不过瘾，却又觉得很油腻。

他的这种“完美主义”不仅体现在吃上，也体现在生活中。他总觉得事难两全，处处抱怨，对生活缺乏热情。

有一天，我将他不喜欢的韭菜和肉酱合在一起，给他做了碗韭菜肉酱面，肉酱的香腻感被韭菜的清脆调和，竟让他连连称赞。

生活中总有些不完美的事物，但只要有心，就连土豆与番茄也能变成薯条与番茄酱的巧妙搭配。很多事情我们总要学会尝试，尝试去想，尝试去做，逐渐有了原谅不美好的能力，就能把这些变成另外一种美好存在。而不是画地为笼，粗暴地用喜欢或不喜欢去划分。

对待食物更应该如此，每一样食物的存在都是大自然给予的恩赐，享受每种食物的结合所带来的惊喜，其实也是我们品味日常生活里最美好的一部分。

准备材料

面条	500 克	韭菜	适量	香黄豆	适量
猪肉糜	300 克	生抽	3 勺	盐	适量
酱	适量	花椒油	2 勺	油	适量

制作步骤

1　韭菜洗净切成碎。
2　热锅放油，油热后放入猪肉糜，加入酱炒成酱肉。
3　酱肉翻炒好后，盛出备用。
4　碗底放上韭菜碎、生抽、花椒油、盐。
5　烧一锅开水，至水沸。
6　沸水倒入碗里，将韭菜汆熟。
7　将面放入开水中煮制，面熟后捞到碗里，加上炒好的酱肉，撒上香黄豆即可。

大厨小招

酱可以根据自己的口味任意选择，豆瓣酱、香辣酱都可以，关键是翻炒时一定要将酱香与肉香充分融合。

Chapter 10

家常炸酱面

准备材料

五花肉	300 克
黄瓜	1 根
胡萝卜	1 根
青豌豆	50 克
小芹菜	2 根
绿豆芽	50 克
小葱	2 棵
姜	适量
辣椒壳	适量
八角	适量
花椒	适量
甜面酱	适量
老抽	3 勺
淀粉	适量
食用油	适量

制作步骤

1. 所有材料洗净，五花肉、小芹菜、小葱、姜切丁；黄瓜、胡萝卜切丝；青豆、豆芽焯水。
2. 起油锅，葱花、姜末、辣椒壳、八角、花椒入锅煸炒出香味。
3. 五花肉和芹菜入锅，小火煸炒至微黄出油，加入老抽、甜面酱和水。
4. 锅内沸腾后用淀粉勾芡，搅拌熬煮 10 分钟，炸酱变得黏稠明亮即可。
5. 沸水下面，煮 2 分钟即可盛出。
6. 将炸酱趁热浇到面上。
7. 加小料，拌匀，开吃。

大厨小招

制酱时加水沸腾后也可以不用勾芡，用小火慢慢搅拌熬煮，炸酱变得浓稠即可。

鸡蛋捞面

常在想，回忆这东西若是有味道的话，那一定就是一碗鸡蛋捞面的味道。

小时候吃的面条一般都是母亲亲手擀的，面条筋道，面汤浓郁，连吞一大碗才觉得过瘾。

小时候我坐在灶火台玩耍，母亲就在一旁做手擀面，她时常同我讲："擀面条说起来不复杂，但每一个程序都必不可少，少了面条就不地道不好吃。"

先是和面，把适量的水倒入面粉中，来回搅拌揉至表面光滑，要做到"三光"：手光、面光和盆光。再盖上湿布，放在不通风处，饧个十来分钟，更好地增加面的韧性。饧好后把面放到案板上反复揉，揉到软硬适中时拿起擀面杖，在案板上撒点儿面浦，将揉好的面团擀成圆饼状，再卷到擀面杖上来来回回擀几次，越擀越薄，到面片厚度刚好的时候，再撒面浦，叠成几层，方便切条。

现在，超市里随处可见挂面和方便面，再也不用亲自擀面，但总缺少记忆中的味道。

准备材料

鸡蛋	3 个	蒜	适量	生抽	2 勺
番茄	2 个	小葱	2 棵	油	适量
青菜	4 棵	木耳	少许	盐	适量
姜	适量	干面条	500 克		

制作步骤

1 番茄一半切块，一半切丁；鸡蛋炒好盛出。
2 起油锅，葱花、姜末、蒜片、盐入锅煸炒出香。
3 番茄、木耳入锅翻炒出汁后加入鸡蛋。
4 加入高汤或水，略微没过鸡蛋即可，沸腾后加入适量生抽，3 分钟后出锅。
5 沸水下面，煮 1 ~ 2 分钟即可，捞起过凉水后盛出。
6 将番茄鸡蛋卤趁热浇到面上。
7 加入香葱、辣椒酱即可。

大厨小招

番茄去皮会更好；选择手工面条时尽量选择比较软和一些的，这样煮出的面口感会更好。

PART 03 生活就像米饭，不止一种可能

米饭是最朴实多变的食物，
它可以朴实到只需火与水就可以酝酿纯正的香味。
但是它又有着百变的身手，
只要你提供不同的配料食材，
它就会变身，展现出不同的精彩供你欣赏。

丁丁炒饭

这款炒饭有意思的地方在于，不必拘于用什么食材，家里有什么随手拿来做就是，味道都不会差。

对于很多人来说，炒饭是最原始的烹饪，也有许多人的烹饪首秀就是炒饭，对于我来说也是如此。

在懒又不知道吃什么的时候，我会去家里的冰箱觅食。也许是昨晚未用完的半块肉，或者遗忘在角落的一个土豆，或者留着第二天用的蒜薹，切成小丁，都可以成为绝佳的配搭。

做炒饭，我习惯把所有的配菜都切得小小的，同米粒的大小相差无几，因为这样会让吃炒饭的人感受到最佳的口感。

这样一来，剩饭于是也有了归属。老一辈的人总是节俭，因为在饥饿年代，剩饭是万万舍不得扔掉的，于是有了各式各样的炒饭。这种节俭的精神到了物资丰富的现在却被逐渐忘记，我们可以丢掉贫穷，但美味和节俭是值得被代代传承的。

准备材料

肉末	100 克	剁椒酱	50 克	油	适量
韭菜薹	100 克	熟鸡蛋	1 个	盐	3 克
油豆豉	80 克	老抽	2 勺	白米饭	适量

制作步骤

1 肉末里放老抽上色，再用盐调味，腌渍片刻。

2 韭菜薹去头，洗净切碎。

3 锅内放油，炒熟肉末，盛出备用。

4 锅底放少许油，中大火，倒入切碎的韭菜薹、炒熟的肉末、油豆鼓和剁椒酱迅速翻炒熟，加盐调味起锅即可。

5 熟鸡蛋切片，如图配白米饭。

6 也可以在第 4 步完成后倒入白米饭翻炒做成炒饭。

大厨小招

韭菜薹可以换成蒜薹、洋葱、葱花等，可以根据自己的喜好随意选择。

咖喱蛋包饭

准备材料

咖喱块	20 克	盐	少许
鸡腿肉	150 克	食用油	少许
鸡蛋	150 克		
洋葱	100 克		
胡萝卜	100 克		
米饭	200 克		
奶油	少许		

制作步骤

1 将所有材料洗净；洋葱切片，胡萝卜切片，鸡腿肉切成小块。
2 锅内倒入洋葱炒香，加入鸡肉炒至变色。
3 加入咖喱块、温水、胡萝卜，中火煮 20 分钟后收汁。
4 鸡蛋打入碗中，放盐拌匀摊成蛋皮。
5 摊好蛋皮后倒入米饭，出锅包起来装盘。
6 浇入咖喱汁、奶油即可。

大厨小招

加温水煮咖喱汁，味道更好，也节约时间。

咖喱鸡肉饭

这款来自于印度的舶来品，已经席卷全球，受到各国人民的热爱，在日本甚至被作为国民美食而存在。

这世上有两样食材是我特别夸赞的，一个是鸡肉，一个是咖喱。

鸡肉真是这个世界上完美到不能再完美的食材，它肉质鲜美，基本无味，但很百搭的它基本上可以牺牲自己让所有和它搭配的食材发挥到最佳状态。

再来说说咖喱这个舶来品，咖喱（curry）的专有名词是从“kari”演化而来的，在泰米尔语中是指一种酱，是南印度的多种菜肴的总称，用蔬菜或肉类做成且经常与米饭一起食用。第一次见到它的时总感觉黏稠的样子不是很友好，当第一口入嘴的时候，猛的一下感觉特别奇妙，让人一瞬间充满了各种想象，第二口便被完全征服。

当这两者合二为一时，就像一对天生的好兄弟碰了头，那感觉很微妙，咖喱和鸡肉的味道都被凸显出来，却意外的很和谐，谁也不喜欢抢谁的风头，可不就是天作之合？

准备材料

咖喱块	100 克	胡萝卜	1 根	米饭	1 碗
鸡腿	1 个	椰奶	100 克	油	适量
土豆	2 个	姜片	3 片		
洋葱	1 个	料酒	适量		

制作步骤

1 所有材料洗净，将胡萝卜、洋葱、土豆切丁。
2 鸡腿切丁，拌入姜片和料酒腌渍 30 分钟备用。
3 起油锅，放入已备好的蔬菜丁翻炒至微黄。
4 拌入鸡丁，爆炒 5 分钟左右。
5 加水刚好没过食材，烧开后加入咖喱块（以个人口味加量）。
6 文火炖 8 ~ 10 分钟，加入椰奶提味。
7 在米饭上浇上咖喱开吃。也可加入青豆或玉米丰富菜相。

大厨小招

鸡肉可以去油脂、筋膜，以避免影响口感；咖喱块可以根据自己口味的咸淡度加盐或者不加盐。

腊肠煲仔饭

准备材料

腊肠	3 根	老抽	2 勺	姜	少许
鸡蛋	1 个	白糖	2 勺	油	适量
上海青	3 颗	蚝油	2 勺	盐	适量
生抽	3 勺	食用油	少许	大米	适量

制作步骤

1　米和水按 1:1.5 的比例浸泡 1 小时；在砂锅锅底抹一层薄薄的油。
2　腊肠切片、姜切丝。
3　用生抽、白糖、蚝油、盐和开水调汁。
4　将浸泡好的大米加食用油拌匀，开火将米饭煮至八分熟时，在米饭上放入腊肠。
5　继续小火煮 10 分钟后，放入青菜。
6　再打入一个鸡蛋，撒上姜丝，关盖继续闷一会儿。
7　腊肠完全入味后，最后浇上料汁，拌匀即可食用。

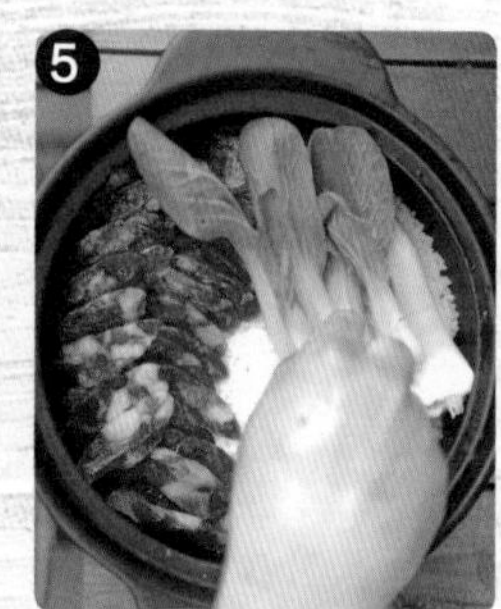

大厨小招

蒸米饭前锅底记得刷一层薄薄的油，可以防止粘底。

肥牛饭

在大多数人的观念里，青椒必须炒肉丝，蒜蓉配粉丝才最佳，番茄炒蛋最是美味…… 已经演变成一种思维惯性。

有次去吃饭，认识了一家小餐馆的老板，他个子不高，身材却很壮实，说起话来特别有意思，其中有一句话让我尤其受益匪浅，至今难忘：别纠结什么跟什么搭配才好吃，只要你足够了解食物的特性，确切地说应该是食材的特性，那你顺着它的特性去配菜，就一定很好吃。

是啊！既然人和自然有多种可能，那食物就更是如此，何必拘泥于形式呢？

就拿肥牛来说，它的特性就很突出，肉质纤维明显，口感肥瘦相宜，本味和善，搭配口味较重的汤汁混合泡煮即可很好入味，搭配白水青菜也能解腻。

了解食材的特性就如同了解最爱的亲人一样，他（她）喜欢吃什么并不重要，重要的是你应该用心去给他（她）做好这一顿饭菜，爱在某种意义上也是一种特性。

准备材料

洋葱	1个	蚝油	2勺	黑芝麻	少许
肥牛片	200克	糖	20克	香油	少许
料酒	2勺	凉开水	300毫升	油	适量
生抽	3勺	西蓝花	少许	盐	适量
老抽	2勺	胡萝卜	少许	米饭	适量

制作步骤

1 胡萝卜切片，西蓝花掰成小朵，洋葱切丝，均洗净并焯水。

2 焯过水的蔬菜放入冷水冷却后，再倒入少许香油和黑芝麻，混合均匀备用。

3 碗中倒少许料酒、老抽、生抽、蚝油、盐、糖调汁备用。

4 将肥牛片放入沸水中焯至八成熟，撇去沫子，盛出肥牛片备用。

5 油锅中放入洋葱丝小炒几下。

6 再放入焯好的肥牛片，加入调好的料汁儿煮3分钟。

7 盛出摆盘，淋些汤汁在米饭上即可。

大厨小招

想要口感更浓郁也可加入水淀粉，淀粉和水的比例是1:2.5左右。

Chapter 06

酱油炒饭

准备材料

老抽	3勺	糖	少许	料酒	适量
隔夜饭	1碗	蚝油	少许	剩米饭	适量
鸡蛋	1个	油	适量		
小葱	3棵	盐	适量		

制作步骤

1 准备一碗剩米饭。
2 倒入老抽、料酒、糖，再加少许油拌匀。
3 将鸡蛋打散成蛋液。
4 热锅倒少许油，倒入鸡蛋快速炒碎，盛出备用。
5 热锅倒入少许油和葱末炒香。
6 倒入拌好的米饭炒均匀，加适量盐调味。
7 再倒入鸡蛋碎，最后加入少许蚝油焖出锅即可。

大厨小招

选择隔夜的、硬一些的米饭炒出来口感更佳。

培根土豆饭

它也可以称作焖饭，一种特别省事儿的做法，可味道却一点也不省事儿。

民间对待食物一般没有太过标准化的讲究，虽不注重形式上的花样感，但所有的搭配又显得别出心裁。

民间也有讲究，它的讲究更多的是在根据寻常家庭的情况和日常饮食习惯的同时，又满足于生活而又不会显得过于浮夸地去处理菜品本身。这种讲究恰是过日子的最寻常的一种方式，看似没有太多惊喜，其实深入其中之后让人更觉有深意，十分受用。

就说这最常见的土豆，不管是炒还是炖，怎么做都会很好吃，若有心，将舶来的培根加上，则又是一道新的家常菜式。

尤其要注意的是，出锅前稍微加上一丁点儿的老抽，然后再多炒上5分钟左右，这样吃起来口感会更丰富一些，而且比较有嚼劲，Q弹的那种。

只要稍稍用点心，就能将创意融入生活，迸发出各种有趣的东西。生活总能给你意外的惊喜！

准备材料

培根	3 片	盐	适量
土豆	1个	隔夜饭	1碗
小葱	3 棵		
油	适量		

制作步骤

1. 土豆洗净去皮，切成小块。
2. 培根切成小片；小葱洗净切碎。
3. 锅中放少许油，放入培根，炒香出油。
4. 加入准备好的土豆翻炒。
5. 培根土豆八分熟后加入米饭继续翻炒，加盐调味。
6. 加入小葱花翻炒几下。
7. 盛出摆盘，可以放一个煎蛋在上面。

大厨小招

如果觉得比较单调，可以再煎一个鸡蛋放在饭上面。

香甜芒果饭

准备材料

糯米　200 克
芒果肉　400 克
椰奶　100 毫升
白糖　适量
盐　适量

制作步骤

1 椰奶倒入碗中，再加入白糖、盐，搅拌均匀。
2 将椰奶混合物倒入锅中，小火加热几分钟后盛出，即成调味椰浆。
3 糯米略洗，倒出多余的水，静置 1 小时泡发。
4 用电饭锅将糯米饭蒸至熟透。
5 将蒸好的糯米饭放置片刻。
6 放上新鲜软滑的芒果肉，再淋上一些调味椰浆即可。

大厨小招

煮饭水的 1/2 用调味椰浆替代，糯米饭会更加香糯可口。

辣酱拌饭

准备材料

韩国辣酱	25 克	芝麻油	少许
大米	150 克	食用油	少许
鸡蛋	40 克		
黄瓜片	适量		
油菜叶	适量		
盐	3 克		

制作步骤

1 将浸泡 30 分钟的大米倒入电饭锅焖熟。
2 将鸡蛋打入碗中，打散成蛋液。
3 在鸡蛋液中加入 1 克盐，并搅拌均匀。
4 将鸡蛋倒入油锅中，将其炒熟，盛出待用。
5 烧一锅热水，并放入 2 克盐。
6 黄瓜片、油菜叶放入沸水中烫熟，捞出装入碗中。
7 将辣酱、芝麻油加入米饭，搅拌匀装入碗中。
8 最后在米饭上摆上做好的蔬菜、鸡蛋即可。

大厨小招

大米提前浸泡，可使米饭较快煮熟。

上海菜饭

厨房里面除了各种柴米油盐之外，剩下的全是爱。这种爱代代传承，绵延不息。

不得不承认，有了孩子之后，下厨做饭就不再那么由着自己的性子来了，更多的时候会想起来妈妈曾经教导我的话。

小时候，但凡吃饭，妈妈都会不停地在我耳边重复着一句话：多吃点菜，多吃点菜，多吃点菜可以长个头。

转眼之间，我也有了孩子，当年的那一幕幕又在我身上重演，只不过我成了唠叨的那一个，我也像母亲那样，让自己的孩子多吃点菜，好长高个儿，可孩子不懂父母的心，总是执拗地不肯吃。我这才明白我的母亲对我的那点点心意，也开始学着像母亲对我那样，给我的孩子做上海菜饭。

上海菜饭以上海青作为主料，食材简单，工序更简单，青菜的香味充分渗入米饭里，透着淡淡的清香，让人食欲大增。

当年专治我挑食毛病的美食，现在又捕获了儿子的味蕾，原来美味是会传承的，爱，也是。

准备材料

米	适量	上海青	3 棵	盐	适量
腊肠	2 根	油	适量	糖	适量

制作步骤

1 将米提前浸泡 1 小时，洗净放入锅中，加适量水备用。
2 腊肠洗净，切成小丁。
3 上海青洗净，切碎。
4 大米中拌入香肠丁，按下煮饭键。
5 青菜入锅炒，加入盐和糖炒熟。
6 饭煮好后，将炒好的青菜铺在腊肠和饭上，再焖 5 分钟。
7 将青菜与腊肠、饭搅拌均匀即可。

大厨小招

上海菜饭一定要选上海青作为配菜才正宗。

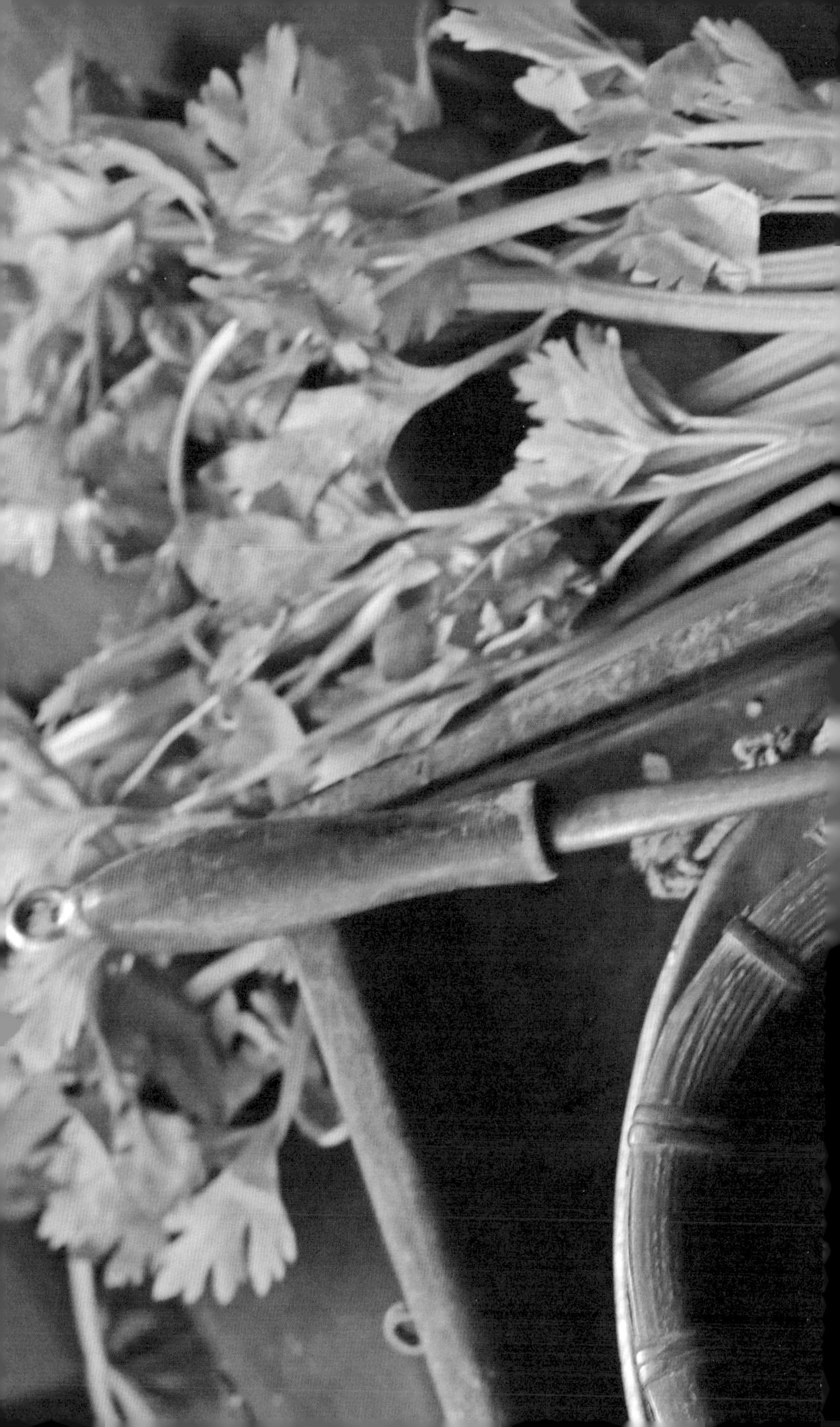

PART 04

爱有温度，菜喜凉拌

吃惯了油炒的菜，偶尔换换口味，
做个凉拌菜，却有意想不到的口感。
又想起了那个夏天，
坐在树荫下，陪着家人，喝着小酒，就着一盘凉菜，
享受着充满了暖暖爱意的夏夜。

爽口金针菇

夏季做凉菜，金针菇是首选，脆脆的嚼劲加上爽口的味道，开胃又下饭，让人停不下来。

夏季烦热，吃凉菜是一个很好的选择。我做凉菜时会把味道调得相对重一些，这样可以当作是开胃的小菜，也可以下酒吃。

金针菇易熟，本味清淡，适合各种料理。夏季必备的凉菜，金针菇是个首选，毕竟它除了好看之外，口感上也很特别，很有嚼劲的感觉让人停不下来。

凉菜，要想做好，先从调汁开始，盐、麻油、香醋、生抽、糖这些都离不开。调汁的时候可以单纯地用配料来增加食材的味道，也可以选择炝锅、炸油料的方式来做底料。开水焯过的金针菇，再过冰水口感会更爽脆，配上自己调制的料汁一起拌匀即可开吃，当然最后离不开小葱花儿和小红辣椒圈儿来摆盘，爽口又开胃。

对了，还可以加一瓶冰镇的啤酒配着吃，味道更好。

准备材料

金针菇	1把	糖	少许	酱油	1勺
小葱	2棵	食盐	3克	青红辣椒	适量
花椒	适量	香油	适量		
油	适量	香醋	适量		

制作步骤

1 金针菇洗净，切去根部；青红辣椒切圈。

2 小葱洗净切段。

3 起油锅，放入小葱和花椒煸炒出香味。

4 煸至焦黄后沥出油。

5 金针菇沸水下锅，焯水约30秒。

6 将酱油、香醋、香油、糖和食盐混合搅拌均匀，调成酱汁。

7 将沥出的花椒、葱油和调好的酱汁及青红辣椒圈撒在金针菇上，搅拌均匀，开吃。

大厨小招

金针菇含有比较高的草酸，放入沸水里焯之后就可以去除大部分的草酸，而且保留了原有的营养成分。

Chapter 02

凉调椒麻鸡

准备材料

鸡腿	1个	花生	少许	糖	20克
小葱	3棵	料酒	2勺	油	适量
蒜末	少许	酱油	3勺	盐	适量
干辣椒	3个	辣椒粉	适量	花椒	适量
生姜	2片	香醋	适量		

制作步骤

1　将所有材料洗净；锅中放入鸡腿、冷水、姜片、葱段、花椒、料酒，烧开后转小火煮熟。

2　花椒擀碎成花椒粉。

3　花生去皮擀成花生碎。

4　干辣椒切成细丝，加入辣椒粉，倒入热油。

5　再依次加入盐、糖、料酒、酱油、香醋、姜末、蒜末调汁儿。

6　将煮好的鸡腿捞出，放入冷水中冷却。

7　冷却后切成细条，倒入调好的料汁儿，最后撒上花生碎和葱花即可。

大厨小招

煮熟的鸡放入冰水浸泡，这样鸡肉的口感爽脆弹牙。少许的花生碎也是提香的关键。

脆拌黄瓜

黄瓜自成一味，只要新鲜，怎么吃都行，凉拌做法简单，口感爽脆，配粥和米饭都是不错的选择。

黄瓜愿意开一朵黄花，就开一朵黄花，愿意结一个黄瓜，就结一个黄瓜。若都不愿意，就是一个黄瓜也不结，一朵花也不开，也没有人问它。

看电影《黄金时代》，萧红这几句话响在耳边时，忽然揪心，她写黄瓜，也写自己。

大多黄瓜，并不黄，看上去多是青的，只是老时才黄。黄瓜，不像花心萝卜、霜打的茄子、插在鼻子上的大葱，常常用来喻人。

黄瓜子纤弱，不像南瓜子、西瓜子那般壮实，种时要万般小心，光是泥土细碎还不成，一场雨下来就板结了，压苗。种时给它边上放几颗黄豆，黄豆顶着豆瓣出来，自然也就松了土，黄瓜秧就出得顺顺当当。

黄瓜自成一味，只要新鲜，怎么吃都行。前两天家里来了位朋友，嚷嚷着要脆拌黄瓜，这并不为难，我时常也做这个吃——因为简单，而且，吃起来口感脆爽，配白粥或米饭都是不错的选择。

准备材料

老品种黄瓜	2根	新鲜花椒	适量	香油	几滴
大蒜	2头	辣椒面	适量	陈醋	适量
香菜	1把	白糖	1小勺		
盐	3克	生抽	1勺		

制作步骤

1　黄瓜洗净，切成滚刀块。
2　加入适量陈醋，拌匀，腌渍10分钟。
3　香菜洗净切碎。
4　大蒜压成蒜泥（拍碎亦可）。
5　在腌好的黄瓜里加入蒜泥，加入适量生抽、盐、白糖、辣椒面、新鲜花椒（或者用胡椒油代替）。
6　加入切碎的香菜拌匀。
7　加入香油味道更佳。

大厨小招

用醋腌过的黄瓜会特别脆；香菜也很有必要添加。

Chapter 04

凉拌鸡丝

准备材料

黄瓜	1根
胡萝卜	1根
鸡胸肉	1块
蒜	5瓣
糖	适量
醋	适量
生抽	2勺
油盐	适量
辣椒油	适量

制作步骤

1 将鸡胸肉放入沸水中煮 8~10 分钟。
2 胡萝卜、黄瓜切丝备用，蒜瓣切末。
3 取碗据口味加入盐、糖、醋、生抽、辣椒油等调料汁儿。
4 将煮好的鸡肉晾干后，用手撕成细丝。
5 再放入胡萝卜丝、黄瓜丝与料汁儿拌匀。
6 锅中倒入热油，加入蒜末煸香。
7 将煸炒好的热油和蒜末倒在调好的三丝上。

大厨小招

鸡丝的老嫩程度可根据自己的喜好来改变。

凉拌杏鲍菇

杏鲍菇，百搭，有营养，手撕入味，凉拌爽口。配上干红辣椒丝、花椒粉和沸油，味道可口诱人。

杏鲍菇，百搭，有营养，口感柔韧有嚼劲，它有着所有菌菇类的特性，味轻口感佳，凉拌是个不错的选择。

先将杏鲍菇剖面切成薄薄的长片，然后上火开蒸，蒸至半透明状的时候，取出，稍微放凉之后，手撕成条。这个手撕的环节很重要，撕裂后可以让杏鲍菇纤维上的组织破损，这样能使得与料汁混拌的时候更加入味。

再切上少许的干红辣椒丝，碾一些花椒粉，加上适量的盐，用油锅起少许沸油，趁热倒在料上，激出香味，最后一起混合与杏鲍菇搅匀即可开吃。

同类的菌菇有着不同的吃法和做法，在口感上也略有不同。如果能把生活中的每天当作不同的烹饪方式去处理的话，应该也不错，只要用心去过，一切都是最美的效果。

准备材料

杏鲍菇	适量	油	适量
干辣椒	适量	葱姜蒜	适量
花椒	适量	盐	适量

制作步骤

1 杏鲍菇洗净，切成大片。
2 干辣椒切碎，花椒碾碎，放在碗中备用。
3 将杏鲍菇放进蒸锅中蒸熟。
4 葱、姜、蒜洗净切末。
5 锅中加适量油烧热，倒进花椒、辣椒中。
6 将蒸熟的杏鲍菇撕成条，加入适量盐。
7 倒入辣椒、花椒油。
8 再加入葱姜蒜拌匀即可。

大厨小招

手撕的杏鲍菇比切的会更入味。

凉拌油豆皮

油豆皮那种淡淡的豆香，让人迷恋，口感柔韧脆爽，凉拌，搭配好调料，好吃又有营养。

唉，我就这命，逃离不了所有豆制品的控制。

鲜豆皮和油豆皮的区别，简单来说一个是鲜压制的，一个是过油的。在口感上，一个柔软鲜嫩，一个则柔韧脆爽。

上菜市场的时候，捎带两块做好的油皮回家，用开水焯到你想要的程度（口感决定），这个时候鲜美的豆香就散发出来了。把焯好的豆皮卷成卷儿后，用刀切成宽窄适宜的条状，搭配一些青红椒丝及葱白丝，丰富口感和色泽，再加上盐、生抽、花椒油等调味品，混合搅拌 2 分钟左右，再吃口感会更好。

想了很久也想不明白自己为什么这么喜欢吃豆制品，不过从味觉的记忆上来讲的话，可能是自己喜欢豆香，那种淡淡的豆香，不会抢别人的风头，也不会没有自己的特性，这种豆香让我很迷恋，诶对了，关键是还能补钙哟，嘿嘿。

准备材料

油豆皮	2块	胡椒粉	适量	香油	适量
香菜	1把	香醋	少许	油	适量
大葱	2棵	酱汁	适量	盐	适量

制作步骤

1 油豆皮切片。
2 将切好的油豆皮放入水中泡软即可。
3 将大葱和香菜切段。
4 将盐、胡椒粉倒入香醋中搅拌均匀。
5 将浸泡后的油豆皮折叠切断。
6 锅中水烧开后关火放入切好的油豆皮浸烫30秒钟，捞出装碗。
7 再放入切好的大葱、香菜，淋上挑好的酱汁、香油，准备开吃。

大厨小招

油豆皮要选新鲜的，如果买回来没有及时吃，要放冰箱冷藏，并尽快吃掉，不然就变质了。

Chapter 07

凉拌莲菜

准备材料

莲藕	1根
醋	适量
辣椒圈	适量
姜	2片
糖	少许
食盐	3克
香油	适量
生抽	1勺

制作步骤

1. 莲藕洗净去皮、姜切末。
2. 把藕切成薄片。
3. 藕片沸水下锅，焯水至透明即可捞出。
4. 焯好的藕片迅速过冰水。
5. 调酱汁，将姜末、醋、食盐、糖、香油、少许生抽混合搅拌。
6. 把酱汁淋在藕片上，搅拌均匀。
7. 撒上辣椒圈，摆好姿势，开吃。

大厨小招

莲藕焯水后迅速过冰水，一方面可以减少营养的流失，另一方面可以保持爽脆的口感。

炝拌绿豆芽

炝拌凉菜最重要的是，要用热油激发出调料的香味，炝拌绿豆芽也是如此，开水焯后，热油激发红辣椒和麻椒盐的香味，味道超级棒。

以前妈妈在家会用绿豆发绿豆芽，个头很小的那种，豆籽儿饱满，吃起来特别爽，豆杆儿是脆的，豆籽儿却又非常的有嚼头，没错，还有我提到过的豆香也很重要。

炝拌凉菜的特色在于口感上，说白了就是口味更加浓厚，用热油激发出各种香料的香味，将食材包裹住，那味道，想一想就会流口水的。绿豆芽一定要选择个头小、豆籽儿饱满的那种。同样的道理，开水先焯一下，过凉水，热油激发红辣椒和麻椒盐的香味，最后一起翻拌即可。

自然界有很多小个头的食材，用性也多样，比如绿豆，煮饭可以，甚至做成雪糕也可以，更神奇的是它还可以遇水生芽，这简直就是自然界最好的馈赠，所以，吃了它就是对自然界最好的回礼。

准备材料

绿豆芽	300 克	花椒	少许
小葱	2 棵	油	适量
干辣椒	少许	盐	适量

制作步骤

1 将绿豆芽洗净后焯水 2 分钟。
2 小葱、干辣椒切段。
3 起油锅，中火将葱段、花椒烹出香味。
4 葱叶煸至微黄，捞出葱和花椒。
5 在绿豆芽上放香葱、干辣椒、食用盐。
6 将油烧至八成热，浇在干辣椒和葱花上即可（也可加入少许酱油调味）。
7 拌匀，准备开吃。

大厨小招

花椒和葱最好不要炸糊，否则油会有苦味，捞出的花椒也可以碾碎最后撒在菜上。

姜末皮蛋

准备材料

皮蛋	4个	小葱	1棵	香醋	2勺
生姜	3片	酱油	2勺	辣酱	适量

制作步骤

1 姜去皮切末，小葱切好备用。
2 皮蛋去壳。
3 将皮蛋一分为四，摆入盘中。
4 将姜末、香醋和酱油调匀，香醋与酱油比例为 1:1。
5 将调好的酱汁均匀地淋在皮蛋上。
6 调入上擀叔辣酱。
7 撒上葱花，摆好姿势，倒上啤酒，开吃。

大厨小招

注意香醋与酱油的比例；辣酱也可以根据自己的口味选择。

老虎菜

我想找一个能和我一起吃这道菜的女生过日子，这样的女生就像这道菜，丰富而有味道。

据说这是道只有纯爷们才能吃的菜，可我并不这么认为，我觉得能陪我一起吃这道菜的女生才是值得托付的好女生，因为她们不矫情，不拧巴。就像这个菜的名字一样霸气外漏，可又很丰富，像这样的菜和女生一定都特别有味道。

小的时候爸爸经常吃这一道菜，两瓶啤酒，两个馒头，一盘老虎菜就能过一夏天。他老是哄着我吃一口，而我总是会被辣到，他看到我闭眼说辣的时候总是笑，说男子汉从来都不怕辣，然后自己再喝口酒继续他满足的享受。

老虎菜选用的食材，有辣椒、大蒜、大葱、香菜、洋葱，这些在一般常人眼里都是配菜，可在这道菜里它们都是主角。我喜欢这道菜的理由有很多，可唯一说出口的是，吃这道菜就想到生活，酸甜苦辣才是生活的味道，要是能找个和你一起过日子，并愿意走下去的人，那这道菜你一定得做给对方吃，告诉他这就是生活的味道。

准备材料

青椒	3个	大蒜	适量	醋	适量
洋葱	1个	盐	3克	香油	少许
香菜	1把	酱油	1勺		

制作步骤

1. 青椒洗净，去缔，去子。
2. 洋葱洗净切丝。
3. 大蒜洗净切片，香菜洗净切段。
4. 青椒切丝。
5. 将切好的材料盛入容器，撒盐。
6. 依次淋上醋和酱油。
7. 最后加入少许香油，均匀搅拌，摆盘开吃。

大厨小招

用青椒、洋葱切丝与香菜共同凉拌，对于消食很有帮助。

凉拌茄丝

准备材料

茄子	1个	香醋	2勺	糖	适量
小米椒	3个	香油	2勺	姜	适量
生抽	2勺	盐	适量	蒜	适量

制作步骤

1 茄子洗净切片。
2 干锅将茄子焙干。
3 焙干的茄子切丝备用。
4 姜蒜切片，小米椒切圈。
5 将姜、蒜、小米椒放在茄子上。
6 撒盐，倒醋、生抽、糖、香油等调味。
7 一起拌匀即可开吃。

大厨小招

无油干焙的茄子相比蒸熟的茄子口感更好。

凉拌菠菜

准备材料

菠菜	1把	油	适量	酱油	少许
小米辣	3个	花生米	适量	醋	适量
蒜	5瓣	盐	适量		

制作步骤

1 小米辣洗净，切成小碎段。
2 大蒜去皮，切成碎片。
3 将菠菜洗干净，放入沸水焯一下。
4 将焯熟的菠菜放入凉水中冷却。
5 菠菜挤干水分，切成小段。
6 锅中倒油，油热后趁热倒入切好的小米辣上爆香。
7 把小米辣、蒜片及花生米拌入菠菜，同时撒盐、少许酱油和醋调味拌匀，最后撒上少许花生米即可。

大厨小招

焯熟的菠菜浸入凉水，不仅有爽脆的口感而且更有光泽。

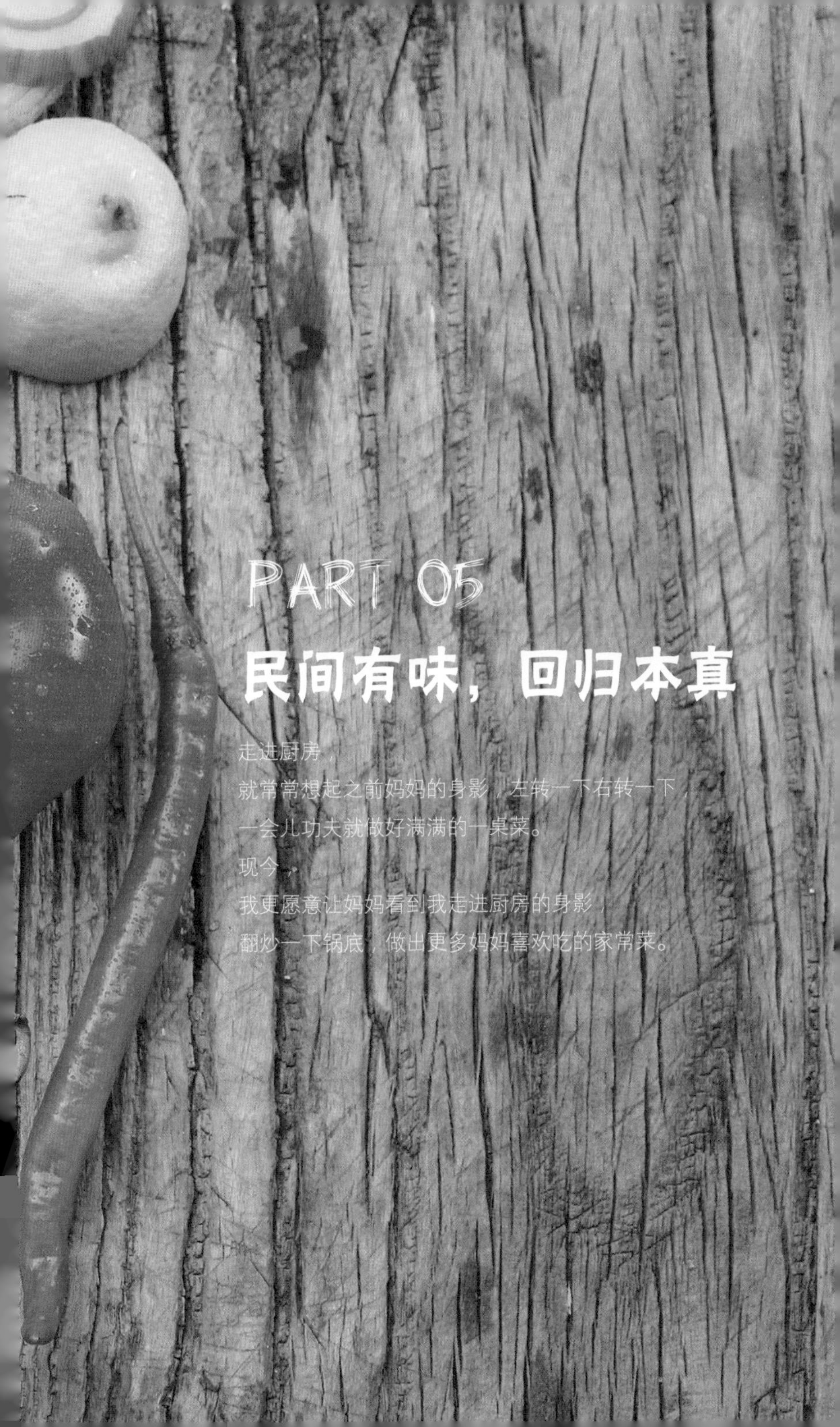

PART 05

民间有味，回归本真

走进厨房，
就常常想起之前妈妈的身影，左转一下右转一下，
一会儿功夫就做好满满的一桌菜。
现今，
我更愿意让妈妈看到我走进厨房的身影，
翻炒一下锅底，做出更多妈妈喜欢吃的家常菜。

椒盐平菇

刚炸好的平菇外焦里嫩，味道无比鲜美，绵软又有嚼头，味道像极了肉味，却又兼容了素菜的平价。

学生时代学习任务繁重，而身体成长需求的能量又大，所以总是还没到下课就会饥肠辘辘，上课时脑海中总是惦记着校门外李阿姨炸的平菇。每次还没到下课，就开始和小伙伴们倒数，心理暗暗较劲着看谁先冲到门外买到第一份。刚炸好的平菇外焦里嫩，哪怕只是撒了盐巴，味道都无比鲜美，绵软又有嚼头，味道像极了肉味，却又兼容了素菜的平价，简直是学生党的福音。

如今，自己在家也尝试着做这道菜，总结了一些经验。可以选择平菇或其他菇类，一定要晾干，不能含有太多的水分。将菇类洗干净，挤压出水后，再晾一会儿，这样易于挂糊，也易于上锅炸至酥脆。面糊不能太稀，也不要太稠，可以用筷子提起，以滴落的面糊来衡量个大概。面糊若是太稀了，菇类挂不上糊，若是太稠了，挂的糊太多，炸出来都不好吃。

现在每次吃这道菜，就会想起那时稚气的面庞，连同那味道一起，让人难忘。

准备材料

平菇	400 克	盐	适量
鸡蛋	2 个	花椒粉	适量
低筋面粉	150 克	油	适量

制作步骤

1 洗干净平菇，并用手撕成小块。
2 再打入鸡蛋。
3 倒入适量低筋面粉。
4 用筷子搅拌使平菇均匀挂面。
5 加入适量花椒粉、盐搅拌均匀即可。
6 锅中倒入适量油，油烧热放入平菇。
7 翻动平菇炸到两面金黄即可。

大厨小招

炸时注意控制火候，文火即可。

虎皮青椒

准备材料

青椒	6~8个	豆豉	适量	胡椒粉	适量
肉馅	适量	生抽	适量	葱姜蒜	适量
鸡蛋	1个	油	适量		

制作步骤

1　青椒洗净去蒂、去子。

2　在肉馅里加上鸡蛋、胡椒粉、少许生抽，搅拌摔打使其上劲。

3　把肉馅塞进青椒。

4　起油锅，将青椒放入锅里中小火煎至表面起皱，盛出备用。

5　再起油锅，倒入葱姜蒜炒出香味后倒入豆豉、生抽，加适量水，小火熬煮汤汁至黏稠，放入青椒。

6　中火将青椒煮 3~5 分钟，肉馅熟透即可出锅。

大厨小招

青椒在煎的时候要不时的换面，不然很容易煎糊。

Chapter 03

可乐鸡翅

准备材料

鸡翅	6个
可乐	300毫升
老抽	3勺
葱段	少许
姜片	少许
油	适量
盐	适量
料酒	适量
生抽	适量

制作步骤

1 将生鸡翅清洗干净后划刀，再加入老抽、料酒和少许葱段。
2 将鸡翅和调料拌匀，腌至少 30 分钟。
3 沸水放入姜片和剩余的葱段，将鸡翅下锅，煮开，捞出，去掉浮沫。
4 锅中放一点儿底油，小火将鸡翅煎成金黄。
5 倒入可乐腌过鸡翅。
6 再添入料酒、盐、生抽小火炖入味。
7 炖 20 分钟左右，大火收汁，盛盘开吃。

大厨小招

在生鸡翅上划刀，能使调料更好入味。

香酥剁椒鱼

菜市场有真实的人间烟火，有技艺娴熟的小贩，有一种双手可触碰的生活。

都说孤独的人最适合去菜市场，因为那儿有真实的人间烟火，所有的矫情和懒惰在那里都会掉在地上碎成渣。

走进一个菜市场，就如同走进了一个生活博物馆。五颜六色的生活食材，真实生动的叫卖声，都能让你真切的感受到生活。无论灯红酒绿的城市多么现代和繁华，这里都生存着一群普普通通、勤勤恳恳的人们。在水产区，空气里通常都弥漫着挥之不去的腥味，有时并非常人所能忍受。但这里小贩却有着娴熟的技艺，一眼就可以挑选出最新鲜的海鲜，并现杀现卖，手法行云流水，有时他们还会附赠与你最正宗的做法，比如炸鱼炸到几分熟出锅最合适、虾线如何完整地剔除、蒸鱼鱼肚向下才会更入味、鲅鱼最好吃的部位是尾鳍前……

今后每到一个城市，我都会到当地的菜市场去看看，听听那里时起彼伏的讨价声，看看那里的市廾样子，体会一下那种双手可触碰的生活。

准备材料

草鱼	2条	蒜	适量	白糖	少许
剁椒酱	适量	料酒	2勺	醋	1勺
大葱	2棵	油	适量	淀粉	适量
姜	3片	盐	适量	老抽	1勺

制作步骤

1 鱼收拾洗净后加料酒、少许盐腌渍30分钟。

2 姜、蒜切细碎，大葱切细丝备用。

3 锅内放油，可稍微多一些，等油烧至六成热时，可下鱼开始煎。

4 鱼煎熟即可，将鱼捞出，锅底留适量油，多余的油倒出。

5 大火爆香姜蒜末，加入剁椒酱，炒出香味后加入热水（水量要能没过鱼），加入白糖、醋、老抽。

6 将煎好的鱼放入锅内，小火烹煮30分钟以上，锅内的汤汁不要收干。

7 少许淀粉调汁倒入锅内汤汁勾芡，再加入两小勺油，起锅淋在已装盘的鱼上，撒上葱丝即可。

大厨小招

这道鱼烹煮的时间越长越入味，有时间的话可加足水量小火长时间慢慢烹煮。

Chapter 05

蚝油胡萝卜

准备材料

胡萝卜	适量	蚝油	适量	白糖	适量
食用油	适量	生抽	适量	醋	适量

制作步骤

1 胡萝卜连皮洗净切成滚刀块。
2 放到热水里焯熟，胡萝卜变软为宜。
3 将焯熟的胡萝卜捞出，沥干水分。
4 将蚝油、生抽、白糖、一点点的醋混合调成酱汁。
5 将胡萝卜过油炸至表面起皱。
6 将炸好的胡萝卜捞出，倒出锅内多余的油。
7 再次将胡萝卜倒入锅内继续翻炒，炒至萝卜表面焦黄，但不能炒糊。
8 倒入调好的酱汁，中火快速翻炒，收汁后起锅，盛盘，开吃。

大厨小招

将胡萝卜放热水里焯熟，可以使胡萝卜色泽更为鲜艳，并能清除异味，防止褐变。

香煎土豆

色泽金黄、外焦里嫩、形状各异、味道多样的香煎土豆，配上葱花、佐料，想想就很馋。

土豆看似平庸，可正是这百搭的平庸让它无论搭配什么调料都能产生诱人的效果。土豆作为食材，很随和，可烹、可炒、可烧、可煎、可炸，可以是片状、丝状、泥状、丁状等。主食可以是它，小吃可以是它，零食也可以是它，不起眼的“小土豆”总能成为食物界的“大主角”，简直怎么弄都好吃。

成都公交站附近有很好吃的炸土豆摊，香味诱人。在一辆久经风雨的三轮车上，支起火炉和一个大口径的平底锅，锅内煎着土豆，色泽金黄，形态各样，圆的、块的、狼牙状的等。有糖醋味、麻辣味，还有大多外地人接受不了的鱼腥草味的，想想就很馋。在公车久等不来的时候，经不住诱惑来上一份，一种满足感油然而生，就是公车迟迟不来，无端地，心理也平衡了许多。

香煎土豆，是最家常的做法，把土豆速冻后下锅油炸，这样让土豆更入味，外面焦焦的，里面却是很嫩，再撒上葱花、作料拌食，咬上一口，绵密的口感伴着葱香在嘴中化开，的确是让人爱不释口。

准备材料

土豆	适量	盐	适量
香葱	适量	食用油	适量
花椒面	适量		
辣椒面	适量		

制作步骤

1 准备好食材，将土豆洗干净；香葱洗净后切小段。
2 土豆放入锅中，加少许盐连皮煮熟。
3 土豆连皮切成滚刀块，放入冰箱冷冻层，速冻1小时以上。
4 从冰箱里拿出土豆，不解冻，直接油炸，炸至外表金黄，捞出。
5 锅内留少许油，继续小火翻炒土豆，陆续加入辣椒面、花椒面和盐。
6 撒葱花出香味后起锅，准备开吃。

大厨小招

判断土豆是否熟的话，可以用一根筷子插土豆，如果很容易就插进去的话，表示已经熟了。

手撕包菜

准备材料

包菜	1颗	蒜	适量
肉末	适量	油	适量
辣椒酱	适量	盐	适量

制作步骤

1. 将包菜洗净，撕成小片。
2. 蒜切片；准备辣椒酱。
3. 锅中放油，放入肉末煸出油。
4. 放入包菜，并加入盐、蒜和辣椒酱调味，炒熟后盛出。

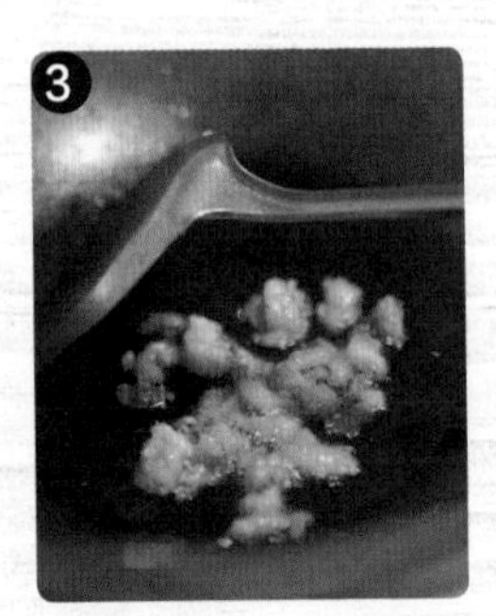

大厨小招

包菜放入水中浸泡时，加一些盐，能有效去除包菜中残留的农药。

豆皮香椿卷

肥嫩浓郁的香椿芽搭配上鲜美清香的豆皮，再蘸上一口麻辣酱，吃出一口满满的幸福感。

阳春三月，万物生长，这时生长出一种特殊的食材——香椿芽。香椿芽可以凉拌，可以炒蛋，是一种很传统的小食。抓住时节的尾巴去树上采摘香椿芽，为做饭这件事增添了不少的乐趣。

香椿一般在清明前发芽，谷雨前后就可采摘顶芽，第一次采摘的称头芽，不仅肥嫩，而且香味浓郁，可以搭配一些自身味道较轻的食材。豆皮，鲜美清香，可以与香椿很好的搭配。用沸水少盐轻焯香椿，可以去除香椿里自带的一些苦味，原本就是熟制品的豆皮可以选择用热水烫下，也可以直接拿来卷上已经备好的香椿芽，豆皮的长度要大体和香椿芽的长短一致，这样体验会更好，基本上两口一个。至于蘸酱就要看个人喜好了，随意搭配即可。拿卷好的豆皮香椿蘸着喜爱的酱吃上一口，满口的自然清香，显得特别幸福。

准备材料

香椿	适量
豆皮	适量
香菜	1小把
盐	4克

制作步骤

1 香椿用清水洗净。

2 锅里水烧开，将香椿焯至变色捞出并沥干水分，撒适量盐进行腌渍。

3 香菜放入开水中焯一下，增加香菜的韧性。

4 豆皮放入开水中烫一下，去除部分豆腥味。

5 将豆皮切成4厘米宽10厘米长的小卷。

6 取香椿嫩芽放置切好的豆皮一端；豆皮把香椿卷进去，从一端卷到另一端。

7 用香菜把豆卷系上，防止散开。

大厨小招

食用香椿一要缩短存放时间，二要做到沸水焯烫。
可以搭配生抽、糖、剁椒酱、油辣椒，蘸着吃。

腊肉煲

用时间与耐心炖出来的腊肉煲，充分散发了腊肠的美味，慢慢收敛焦躁的心，品尝有滋有味的腊肉煲。

俗话说“心急吃不了热豆腐”，让节奏慢下来，我们才能更好地品味美食，才能更好地去享受生活。

“煲”是一种烹调方法，就是用文火慢慢地熬煮食物，需要一定的时间。腊肉煲就是这样一道需要时间与耐心的菜，将腊肠在温火里慢慢熬煮，充分散发出独有的味道。在这个缓慢的过程中，要耐着性子，等待时光煲煮出最美的味道。

小时候，不懂慢煲的妙处，总是按耐不住性子，要掀开锅盖看上好几回，母亲总说：“不着急，要慢慢等，时头自然会到。”在高速发展的社会，“快”成了大家不约而同的追求，我们需要高效，但我们也不能忘了慢也是一种能力，慢不是懒惰，放慢速度也不是拖延时间，而是让我们在生活中找到平衡。

在时光的文火中，慢慢地学会耐心与冷静，使我们那颗焦急的心慢慢收敛。真正的“快”，不是我们在短时间里获得了什么，而是长久地拥有了什么。我们都有很长的路要走，以文火慢炖，自然有滋有味。

准备材料

腊肉	1块	木耳	适量	油	适量
白萝卜	1根	葱	1棵	蒜	适量
蒜苗	2根	姜	3片		
草菇	4朵	酱油	1勺		

制作步骤

1 准备好食材，洗净；将食材切片或切丝，形状自行决定。
2 热锅下油，葱姜蒜爆香。
3 葱姜蒜炒至微黄时，放入腊肉和蒜苗，大火翻炒两分钟。
4 加入白萝卜、草菇、木耳翻炒两分钟。
5 将炒好的食材倒入砂锅。
6 加入高汤或开水，小火慢炖 20 分钟。
7 加入酱油，小火再煲 15~20 分钟，即可出锅。

大厨小招

腊味虽好吃但不要常吃，为防止摄入亚硝酸盐等有害物质，在食用腊肉之前，一定要充分浸泡、洗干净。

Chapter 10

干锅花菜

准备材料

花菜	1棵
五花肉	适量
大葱	1棵
大蒜	适量
姜	3片
辣椒	适量
生抽	1勺
老抽	1勺
白糖	适量
盐	适量

制作步骤

1　花菜切小朵，洗净。

2　五花肉切薄片；姜、蒜切碎；辣椒、大葱切丝。

3　将切好的花菜用热水焯一下（焯的时间不要太长）。

4　焯好的花菜滤水备用。

5　锅底不放油，小火慢炒五花肉片，炒至出油，肉片变干，捞出肉片备用。

6　锅底留油，依次放入辣椒丝、大蒜碎、姜碎，大火翻炒出香味后，倒入花菜、五花肉翻炒。

7　加入生抽，老抽、白糖、盐翻炒均匀，再加入葱丝，拌炒片刻即可。

大厨小招

花菜在焯水时可以加点盐和油，一方面可增加花菜的色泽，另一方面则更为入味。

干煸豆角

准备材料

豆角	适量	香油	适量	蒜	适量
瘦肉丁	适量	花椒	适量	油	适量
干辣椒	适量	姜	适量	盐	适量
老抽	适量	葱	适量		

制作步骤

1 豆角掐头去尾、去筋，掰成两段儿。
2 豆角焯水 3 分钟，焯透变色后捞出沥干。
3 起油锅（多些油），放入豆角，中火煸至表面起皱，盛盘备用。
4 瘦肉丁加入少许老抽和香油，拌匀腌渍十分钟。
5 再起油锅，倒入干辣椒、花椒、葱、姜、蒜炒出香味后倒入肉丁，继续翻炒。
6 肉丁炒至微干后加入豆角、少许盐，继续翻炒两分钟即可出锅。
7 装盘后再略微撒上一层薄盐丰富层次，摆好姿势，开吃。

大厨小招

豆角煮一下可以缩短煸炒的时间，炒豆角的时候不能放水，要干煸，不停翻炒，避免豆角糊锅。

地三鲜

茄子鲜香入味、土豆外焦里嫩、青椒香脆提味儿，组合在一起，彼此的优势得到了最大程度的发挥，长久地抓住了大众的胃。

下馆子如果只能点一道符合大众口味的素菜，那一定非地三鲜莫属了。

美味地三鲜，没肉也满足，取自最常见的食材，土豆、茄子和青椒，做法简单又超级下饭，所以受到各地人们的喜爱。在北方地区，将土豆、茄子、青椒滚刀切大块，过油先炸熟，大蒜爆香后再下锅炒，油大、蒜香才算经典。相比北方地区，曾遇到一位在北方读大学的南方朋友，压根无法理解这道菜对于北方人的意义。在巴蜀地区的做法里，这道菜一定会放入豆瓣酱，要有豆瓣的香味才对口味儿。

大概是自带接地气儿的厚重感，茄子鲜香入味、土豆外焦里嫩、青椒香脆提味儿，组合在一起，就好像亲密合作的三兄弟，彼此的优势得到了最大程度的发挥，长久地抓住了大众的胃。这让我们也能常常反省自己，在与人相处、合作的时候，不管自己多么优秀，一定也要给对方留出空间，让对方也有发挥的地方。彼此不同，却又相互融合，保有自己的特点，才能把一件事情做得更加完善。

准备材料

茄子	1个	酱油	适量	淀粉	适量
土豆	1个	油	适量	醋	适量
青椒	1个	盐	适量	鸡精	适量
蒜	3瓣	糖	适量		

制作步骤

1 把青椒去蒂洗净切块;把茄子、土豆洗净,切滚刀块,先用盐腌渍5分钟。
2 锅热放油,放土豆块炸至表面结痂,用筷子能够扎透,捞出沥油。
3 锅热留油,将茄子加入干淀粉搅拌均匀,下入油锅炸至金黄,捞出。
4 锅中留底油,爆香蒜瓣,放入青椒块煸炒。
5 再放入炸好的土豆和茄子,一起煸炒。
6 取一碗加酱油、盐、糖、醋、淀粉、鸡精和少量的水勾兑成料汁,倒入锅中。
7 锅中加水,慢煮。
8 烧开,盛入盘中。
9 准备好筷子,准备开吃吧。

大厨小招

茄子比较吸油，需要放多一点儿油，做出来才好吃。土豆多炸一会儿更好吃哦。

Chapter 13

香椿豆腐

准备材料

豆腐	300 克	香油	2 勺	盐	适量
香椿	100 克	小米辣	适量		

制作步骤

1. 将豆腐、香椿过热水焯一下，然后切碎。
2. 豆腐切小块。
3. 将豆腐、香椿放入碗中，倒入香油。
4. 在食材上撒盐。
5. 将所有食材搅拌均匀。
6. 可加辣椒增添些辣味。

大厨小招

不宜过量调味，几滴香油和盐即可，香椿的味道更自然突出。

鸡汁豆腐串

准备材料

豆腐串	8 串	孜然粉	适量	胡椒粉	适量
香菜	少许	盐	适量		
蒜	5 瓣	鸡汤	适量		

制作步骤

1 将所有食材洗净，豆腐串放入冷水中泡软，蒜瓣捣成泥。
2 将豆腐串放入事先准备好的鸡汤中煮至入味。
3 煮熟的豆腐串捞出取下木棍。
4 香菜切碎，与蒜泥、孜然粉、胡椒粉、盐一起放到豆腐串中。
5 再加 2 勺汤至碗中即可。

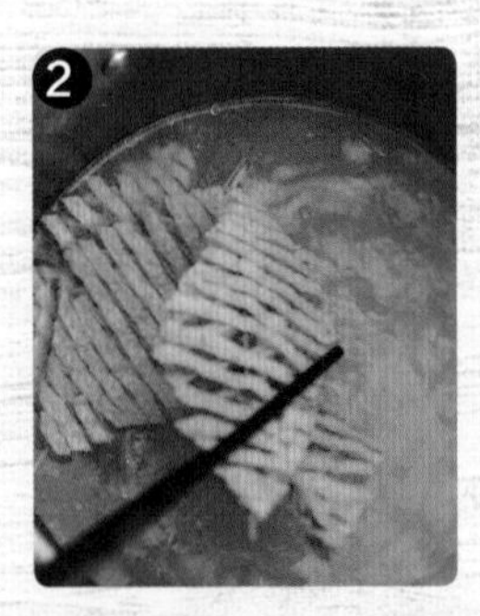

大厨小招

豆腐串记得在鸡汤里多炖一会儿，入味变软才好。

腐竹烧肉

腐竹与烧肉是一对黄金搭档，肥瘦相间的肉块，弥补了腐竹的清淡，肉越炖越烂越有味，而腐竹则是越炖柔韧性就越强，下饭配酒都超级好吃。

我觉得腐竹有点像中国民间版的空心意面，原因就是它吸味儿，所以豆制品里我很钟情于腐竹。凉拌腐竹我喜欢来点芥末，火锅里的腐竹我喜欢煮到半熟，蘸着蒜汁和芝麻酱吃。

腐竹与烧肉是一对黄金搭档，久炖的肉块与腐竹在口感和形状上有着极大的反差，肥瘦相间的肉块，可以弥补腐竹的清淡，肉越炖越烂越有味，而腐竹则是越炖柔韧性就越强。民间有句俗话说“千煮的豆腐，万炖的鱼”，也就是说，豆制品天生就适合一把好火去慢炖。腐竹烧肉的做法也很简单，先用姜片和蒜头炒肉爆香，等肉呈金黄色时，加上生抽、老抽、八角和冰糖，同时加入腐竹一起慢炖，等汤汁慢慢黏稠，肉和腐竹也都金光发亮时，这道菜也基本上可以出锅了。

用炖好的汤汁拌着米饭吃，腐竹和炖肉用来下酒刚好，这道菜可以说是地道的民间硬菜，下饭配酒都很舒服。我喜欢这简单粗暴的感觉。

准备材料

五花肉	300 克	料酒	2 勺	盐	适量
腐竹	300 克	花椒	少许	姜	适量
八角	3 个	水淀粉	适量	葱	适量
鸡精	适量	冰糖	少许	蒜	适量
酱油	2 勺	油	适量		

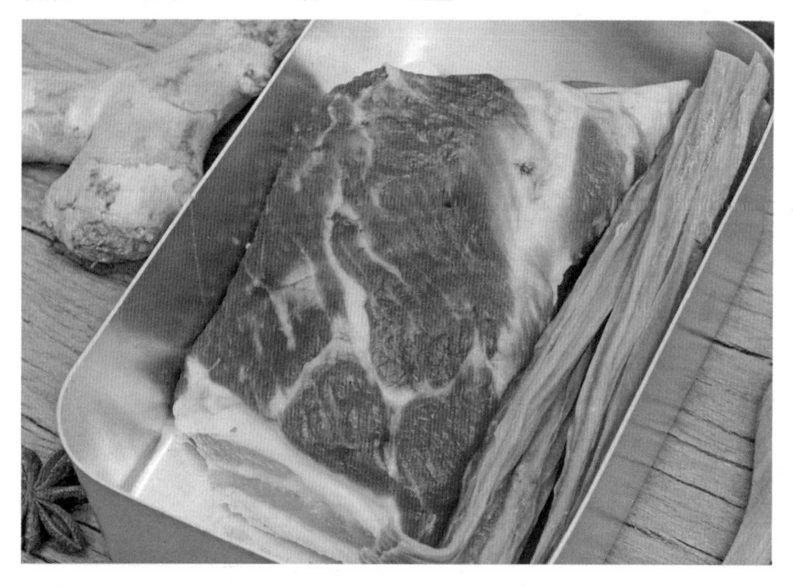

制作步骤

1 腐竹洗净放在水中泡透。
2 五花肉倒 1 勺料酒用热水焯一下。
3 五花肉切小块；姜洗净切片；蒜洗净去皮切碎；葱洗净切小段。
4 姜片、葱段、蒜瓣入油锅爆香。
5 再放入八角、花椒、冰糖炒糖色，放入切好的肉块。
6 肉块翻炒变色，加入酱油、料酒，加热水刚没过肉块。
7 加入腐竹，中火焖 10 分钟。
8 最后倒入水淀粉，盐、鸡精入味，大火收汁即可。

大厨小招

五花肉不要切得太小哦，太小易缩易碎。

清蒸鲈鱼

准备材料

鲈鱼	1条	姜	少许	红椒	1个
料酒	2勺	葱	少许	油	适量
蒸鱼豉油	3勺	青椒	1个		

制作步骤

1 将所有材料洗净；鱼处理干净，身上开口，放料酒腌渍。
2 姜切片，一部分改切丝；葱切丝；青椒切丝；红椒切丝。
3 将姜片塞入鱼肚，葱姜丝放鱼身上及周边。
4 放入蒸锅，开始蒸鱼。
5 大火蒸7分钟即可。
6 将蒸好的鱼盛盘滴入蒸鱼豉油，摆上青椒丝和红椒丝。
7 再淋上一层热油，趁热开吃。

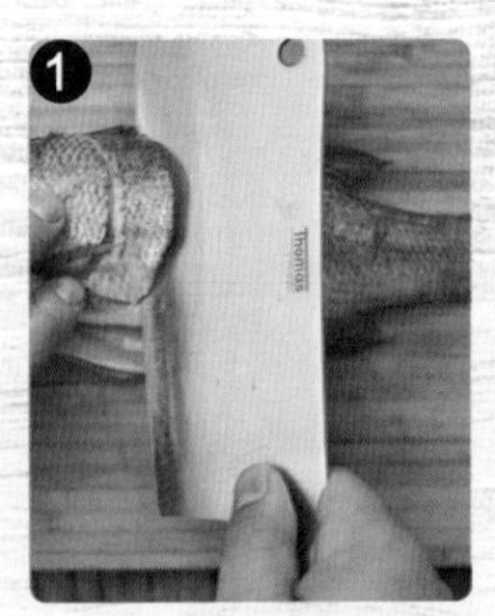

大厨小招

尽量让鱼肚向下蒸，鱼肉会更入味。

蒸槐花

准备材料

槐花	200 克	醋	2 勺	蒜瓣	适量
面粉	150 克	蚝油	2 勺	酱汁	适量
盐	1 小勺	凉开水 100 毫升			

制作步骤

1. 槐花洗净倒入面粉，拌匀。
2. 加入凉开水使槐花挂上面即可。
3. 添水入锅，蒸笼摊放开槐花，蒸10分钟。
4. 蒜剁成泥，放入碗中。
5. 蒜泥中倒入蚝油、盐、醋等料汁。
6. 将蒸好的槐花盛出。
7. 倒上酱汁摆盘即可开吃。

大厨小招

若喜欢干一些的口感，多放一些面即可。

的人生
迷